爱上自然课
AISHANG ZIRANKE

无所不能的野生植物

WUSUOBUNENG DE YESHENG ZHIWU

知识达人 编著

成都地图出版社

图书在版编目（CIP）数据

无所不能的野生植物 / 知识达人编著 . — 成都：
成都地图出版社 , 2017.1（2021.6 重印）
（爱上自然课）
ISBN 978-7-5557-0310-5

Ⅰ . ①无… Ⅱ . ①知… Ⅲ . ①野生植物－青少年读
物 Ⅳ . ① Q94-49

中国版本图书馆 CIP 数据核字 (2016) 第 094284 号

爱上自然课——无所不能的野生植物

责任编辑：赖红英
封面设计：纸上魔方

出版发行：成都地图出版社
地　　址：成都市龙泉驿区建设路 2 号
邮政编码：610100
电　　话：028 - 84884826（营销部）
传　　真：028 - 84884820

印　　刷：唐山富达印务有限公司
（如发现印装质量问题，影响阅读，请与印刷厂商联系调换）

开　　本：710mm×1000mm　1/16
印　　张：8　　　　　　字　　数：160 千字
版　　次：2017 年 1 月第 1 版　印　　次：2021 年 6 月第 4 次印刷
书　　号：ISBN 978-7-5557-0310-5
定　　价：38.00 元

目录

猜猜高大的银杉是男是女 / 1

珙桐树的身价可高啦！/ 6

只能在西藏找到的巨柏 / 11

观光木越来越受欢迎了！/ 17

住在峭壁上的岷江柏木 / 20

我叫沉香，我的名字很有诗意吧？/ 25

不是狗的金毛狗 / 30

小瞧我苦荬菜？我可是药材！/ 36

放飞小伞兵的蒲公英 / 41

蕺菜不是菜，是可恶的杂草！/ 47

马齿苋的营养可丰富啦！/ 52

别看我长得矮，我的用处大着哪！/ 58

全世界都喜欢我荠菜的美味呦！/ 63

多吃野苋菜，身体棒棒的 / 68

又能做药材，又能做扫帚的菜 / 73

虽然叫羊蹄，可人家是植物啦！/78

红红的覆盆子是好吃的水果/81

靠种子过冬的小飞蓬/86

我叫马唐，你认识我吗？/91

一年蓬是个"抢人"养料的坏家伙/95

野燕麦！不准和小麦抢地盘！/100

水稻田里的大祸害——碎米莎草/105

蛇床跟蛇一点关系都没有哟！/109

恐怖的鬼针草可是消肿药哦！/113

又是杂草又是药的节节草/117

寒酸的酸模叶可以治疥疮哦！/121

猜猜高大的银杉是男是女

每个国家都有自己的国宝。提起我国的国宝，小朋友们一定首先会想起憨态可掬的大熊猫吧？但你们也知道我国的国宝不仅仅有熊猫，还有很多国宝级的植物，例如银杉。

中国地大物博，各种各样的植物数不胜数，为什么银杉能被列入"国宝"级别呢？其实答案很简单，因为它是非常稀有的珍贵植物！它的祖先生活在距今300多万年的第三纪，有着长达数百万年的进化史。如此鲜活的化石，能不宝贵吗？告诉你，银杉是我国一级保护植物呢！

银杉是一种常绿乔木，树干笔直，最高能长到24米呢！说它是参天大树再合适不过了。它的树皮通常是暗灰色的，还会裂成不规则的薄片。树枝的上端和侧枝生长得较为缓慢，呈浅黄褐色。叶子呈螺旋状排列生长，通常情况下，在树枝上端和侧枝上的叶子长得比较旺盛。

如此个性鲜明的参天大树，它的性别又该如何区分呢？对于这个问题小朋友们的脑袋里一定画满了问号吧？没错，植物也是有性别的哟！自然课讲过，植物的生长繁殖靠雌雄授粉得以延续。因此，植物也是有雌雄之分的。

不过，银杉的性别还真是不太好划分，因为它是亦雌亦雄的！这是怎么回事呢？原来，它是雌雄同体的植物。也就

是说，在一棵银杉树上同时生长着雄花和雌花。这样的条件对银杉的生长繁殖很有帮助，因为无论生长在哪里，它都能够顺利地繁衍生息。也正是这样的优势才能让它在经历了漫长的岁月后，依然呈现在我们的眼前。

银杉主要分布在中亚热带的局部山区中。它们生活的地方冬冷夏凉，降水丰富。这些地方湿度较大，长年累月云雾缭绕，如同仙境一般。适合它们生长的土壤多为微酸性的黄

壤或黄棕壤，由页岩、石灰岩及砂岩发育而成。

这样的生长环境可不是哪里都有的哦，我国只有湖南、湖北、广西、重庆、贵州等省、市、自治区的小部分地区才能够满足以上条件，因此，银杉在我国就只能生长在这些地方。

现在，银杉已在世界其他国家绝迹了，目前仅我国还有少量生长。毫无疑问，我国生长着银杉的地方是它们最后的净

土。不容乐观的是，我国银杉的数量也越来越少，现如今除了重庆的金佛山还有较多的银杉外，其他地区都很难见到成片的银杉了，有的地方甚至只有一棵！

虽然人们已经开始人工培育银杉，但这并不能缓解它们濒临灭绝的状况。要想真正解决这个难题，保护环境才是关键！其实，像银杉一样珍奇的树木还有很多，我们只有用真正地行动去保护环境，才能让它们继续繁衍生息，才有更多的机会一睹它们的风采。

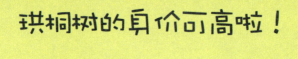

珙桐树的身价可高啦！

　　关于昭君出塞有这样一个传说：王昭君嫁到塞外后，因为抑制不住对故土的思念，于是放出信鸽传递自己的思乡之情。成千上万的信鸽飞越山海，不远万里将书信送到她的家乡后，便化作美丽的白色花朵盛开在一棵树上，从此，这棵树就被人们称为"鸽子树"。

　　"鸽子树"是这种树的俗名，它的学名是珙桐。"鸽

子树"的名称除与传说有关外，还因为树上开的每一朵花都像是一只栖息在树上的鸽子。

珙桐树是一种落叶大乔木，如果生长环境好，它可以长到20米高呢，真是个不折不扣的高大家伙！通常在每年的4—5月开花，10月份果实成熟。

和银杉一样，珙桐也喜欢云雾缭绕的深山，而且多生长在海拔较高的山地上，不过，珙桐并不像银杉那样喜欢阳光，它喜欢阴湿的环境。

另外，珙桐树不耐旱，对土壤的要求专一，只喜欢中性或微酸性的富含腐殖质土壤。因此，在干燥多风或是被日光直射的贫瘠地区，珙桐树根本无法存活。

珙桐树多分布在地势陡峭的山间溪沟两侧或沟谷地段。它们一般与其他植物混生在一起，偶尔也会长成面积较小的

纯珙桐树林。现在，能满足珙桐树所有生长条件的环境越来越少，这在很大程度上影响了它的生长和分布。

珙桐树在我国分布较广泛，四川宜宾珙县王家镇有"珙桐之乡"之称，那里生长着大量的珙桐树，有我国最大的天然珙桐树林！另外，湖北西部至西南部的神农架、兴山、巴东、长阳、利川、恩施、鹤峰、五峰等地，也都是珙桐树的聚集区。

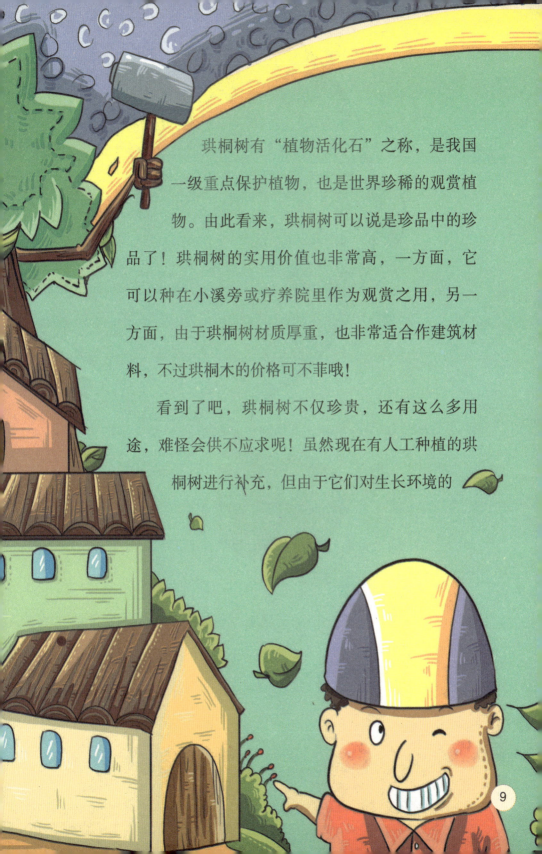

珙桐树有"植物活化石"之称，是我国一级重点保护植物，也是世界珍稀的观赏植物。由此看来，珙桐树可以说是珍品中的珍品了！珙桐树的实用价值也非常高，一方面，它可以种在小溪旁或疗养院里作为观赏之用，另一方面，由于珙桐树材质厚重，也非常适合作建筑材料，不过珙桐木的价格可不菲哦！

看到了吧，珙桐树不仅珍贵，还有这么多用途，难怪会供不应求呢！虽然现在有人工种植的珙桐树进行补充，但由于它们对生长环境的

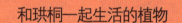

和珙桐一起生活的植物

珙桐是一种混生植物，因此总会有同生植物与它一起生活。什么是同生植物呢？简单来说就是能和珙桐一同生长并相处融洽的"邻居"。而且，这些植物只愿意做珙桐的朋友，在其他地方是很难看到的。木荷、扁刺锥、包槲柯、粗穗、巴东栎、香港大头茶、天师栗、连香树、黑毛四照花等都是珙桐的同生植物。

要求实在太高了，依靠人工种植也很难提高产量，依旧无法安全满足人们的需求。值得庆幸的是，珙桐树在我国的分布较为广泛，在云贵高原北部地带、横断山脉、秦巴山地以及长江中游中山地带的丘陵和中高山的峡谷地带都有分布。

由于珙桐树有着巨大的实用价值，现如今已经被很多国家引进了。它的身价可谓是水涨船高、一路飙升呢！

只能在西藏找到的巨柏

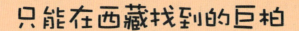

巨柏是柏树中的一员。也许我们没见过这种植物，但是看名字就应该知道，它一定有着巨大的身形。那么，在哪里才能见到这种树木呢？

想要亲眼看见身形庞大的巨柏，恐怕只有到遥远的西藏才有机会啦！它生长在西藏朗县、米林到尼洋河中下游一带的河谷中，只有零星的分布。巨柏最引人注意的要属它那巨大的塔形树冠了，其次就是它挺拔的树干。

由于它们分散地生长着，所以数量也不怎么均匀，主要在甲格以西分布较多。总的来说，巨柏主要生长在海拔3000～3400米的江边阳坡、谷地开阔的半阳坡以及有石灰石露头的阶地阳坡的中下部，或是沿江而生，或是三两成

林。巨柏是我国特有的树种，也是雅鲁藏布江下游的重要造林树种。

为什么只能在西藏找到巨柏呢？这主要是由它们的生长环境决定的。雅鲁藏布江边生长巨柏的地方正是印度洋的潮湿季风沿着河谷西进的必经之路。这里气温偏低、气候干燥，土壤多为中性偏碱性的沙质土。巨柏正是在如此干旱多风的特殊环境下孕育出的参天古木。

这些像卫士一样守护着雅鲁藏

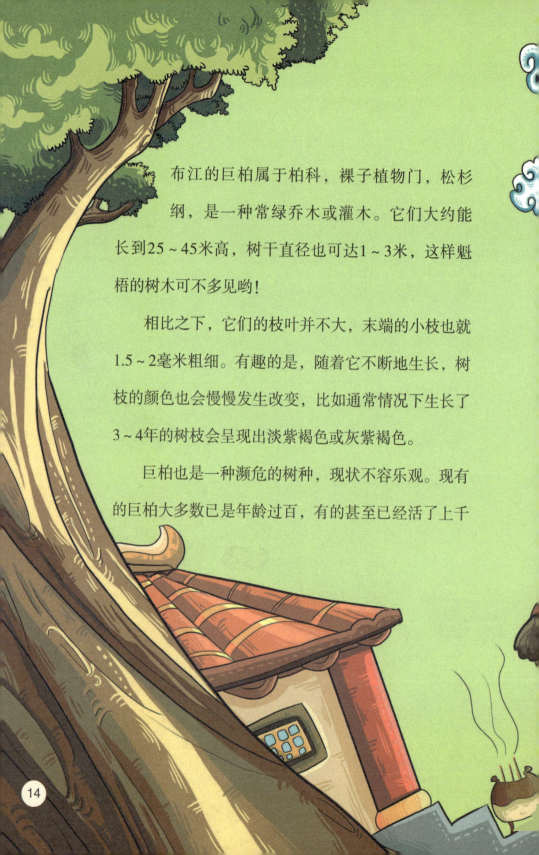

布江的巨柏属于柏科，裸子植物门，松杉纲，是一种常绿乔木或灌木。它们大约能长到25～45米高，树干直径也可达1～3米，这样魁梧的树木可不多见哟！

相比之下，它们的枝叶并不大，末端的小枝也就1.5～2毫米粗细。有趣的是，随着它不断地生长，树枝的颜色也会慢慢发生改变，比如通常情况下生长了3～4年的树枝会呈现出淡紫褐色或灰紫褐色。

巨柏也是一种濒危的树种，现状不容乐观。现有的巨柏大多数已是年龄过百，有的甚至已经活了上千

堪称"世界巨柏王"的巨柏林

在雅鲁藏布江和尼洋河下游海拔3000~3400米的沿江河谷里有一个巨柏自然保护区。那里生长着上百棵千年古柏。这些巨柏的平均高度在44米左右，其中最有名的要属巨柏林中央的那棵"巨柏王"了！它高达50多米，直径近6米，树冠投影面积有600多平方米，已经存活了2000多年！因此，这棵树被当地视为"神树"，不时会有人前来对它进行朝拜。

年。对于我们来说，这些古树有着不可估量的价值。这种价值不仅仅体现在美化环境上，更重要的是通过对它的研究，我们能够探索到更多关于自然的秘密！

巨柏的生存现状岌岌可危，但是如今仍旧没有什么有效的保护措施。小朋友们，你们一定要努力学习科学知识，将来为保护它们作贡献哟！

观光木越来越受欢迎了！

小朋友都知道"观光"是什么意思吧？不过，你们见过"观光木"吗？光听这个名字，我们就应该知道这是一种观赏性树木了。

观光木，又叫作香花木、香木楠、宿轴木兰，是木兰科观光木属的唯一品种。不过，它也和大多数稀有植物一样面临着灭绝的危险，目前已被列为我国二级保护植物了。

观光木是一种高约25米的常绿乔木，树干的直径在1米以上，树皮上有很深的皱纹。它的花期在每年的3—4月，果实成熟期则在10—12月。

观光木和很多稀有的树木一样，对环境有着特殊的要求。它喜欢温暖湿润的气候以及肥沃深厚的土壤，多生长于年平均温

度在17℃～23℃、年降水量在1200～1600毫米的地区，最喜欢的土壤为山地黄壤或红壤。观光木也有一点不同于其他植物，那就是它适应季节温差。

观光木的生活习性还会随着它的不断成长而改变。在生长初期，它比较喜欢阴凉的气候，长大之后则喜欢温暖的阳光。观光木也是混生植物，经常和它生长在一起的有杉木、木荷、臼栎、毛桐、玉叶金花等。在我国，观光木多分布在湖南、贵州、云南、广西、福建、广东以及海南等热带及中亚热带南部地区。

观光木作为我国特有的古老树种，它

的存在无疑为我国的科学家进行考古研究，有着其他树种难以比拟的历史价值和科研价值。

此外，观光木也有很强的实用价值哟！例如，观光木的树干笔直，不易开裂且质地轻软、易于加工，是一种很理想的建材，也是很多乐器的原材料。它的花朵可以制成香料，果实更是观赏的佳品！

虽然分布的地区很多，但是观光木的现状也不容乐观，甚至可以说是岌岌可危了！让我们一起为保护它们做出努力吧，这样它们才有可能继续生存下去。

住在峭壁上的岷江柏木

在甘肃的腊子口有一个名为"康多寺"的古寺，这个寺里长着一棵"神树"！它高30米，树干直径有3米多，树冠覆盖面积达到80多平方米，这棵"神树"就是已有约600岁的岷江柏木。

关于这棵树还有个传说：

相传明朝初年，一个云游和尚向康多寺的活佛挑衅，质疑康多寺并非佛门圣地。活佛听后很生气，一怒之下便将一根柏树枝倒插进寺里的土壤中，又在树枝边生起了一堆火。这把火一烧就是3年，谁也没有想到的是，3年后，这根柏树枝非但没有死于大火，反而长成了一棵柏树。此后这棵柏树不断长大，就是现在大家看到的这棵"神树"。

岷江柏木是一种常绿乔木，能长到30米高，树干直径也能长到1米。它非常喜欢在海拔980~2900米的峡谷两侧以及干旱的河谷地带生长，多分布在四川的岷江流域，如汶川、茂汶、理县，还有大渡河流域的金川、马尔康、小金、丹巴以及甘肃白龙江流域的舟曲、武都、文县等地。这些地方大都冬长夏短，年平均气温较低，干湿季非常明显。

　　岷江柏木生长的地方多为中性或碱性的土壤，大部分是石英岩、花岗岩以及石灰岩发育而成的山坡棕褐土或是山地褐土，偶尔也有一些长在云母片岩、花岗结晶岩等岩石风化而成

的土壤上。

岷江柏木有一个特点，就是喜欢成群生长，也就是说，它们喜欢以纯树林的方式生存，它们总是生长在悬崖峭壁上，这也是它们不同于其他植物的一个独特的习性。

总体来说，岷江柏木喜光、耐旱，对坡向没有特殊的要求。如果水分充足、土壤肥沃的话，它们就能够生长得更好。试想一下，在一片高大的岷江柏木林中散步，是不是别有一番滋味呢?

岷江柏木是我国特有的树种，多被用来保持水土和美化环境。此外，由于它的材质致密坚硬，所以也称得上是建筑的良材。它的枝叶能够提炼出油，根部的碎木粉碎后能制成不错的香料，它的果实、枝叶和根都能入药，对于发热、烦躁、高烧等病症都有很好的治疗功效。这样看来，除了作为观赏树木，岷江柏木在其他方面的用途也不小呢!

我叫沉香，
我的名字很有诗意吧？

相信不少小朋友都听过宝莲灯的故事吧！你还记得其中的主角吗？就是那个劈山救母的沉香。他的名字可真特别呀，你知道他为什么叫沉香吗？

其实，沉香的父亲姓刘名彦昌，是一个书生。进京赶考途经华山，与华山圣母相恋。在离开华山赴京赶考时，将沉香坠留给华山圣母作定情信物。后来，他们有了孩子，便给

孩子起名叫沉香。

在我们的生活中，其实沉香主要是指一种贵重香料，下面就让我来为大家具体地介绍一下吧！

沉香是一种贵重香料，黑色芳香，脂膏凝结为块状，入水能沉，故名"沉香"。沉香的香味高雅，十分难得，一向名列众香之首。沉香并不是一种木材，而是由一类特殊的香树"结"出的，并混合树脂成分和木质成分的固态凝聚物。这类香树本身并无特殊的香味，而且瑞香科沉香属的几种树木，如马来沉香树、莞香树、印度沉香树等都可以形成沉香。

瑞香科沉香属香树，都叫沉香树，是常绿乔木，高5～15米，树皮的表面较为平滑，整体呈暗灰色，通常在春夏两季开花，夏末至秋天结果。

沉香树喜欢高温多雨的热带气候，

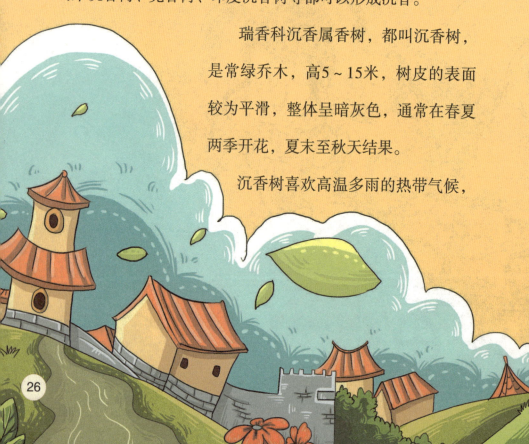

它生长的地方年平均气温在19℃~25℃之间，年降水量为1600~2400毫米，另外，沉香树喜欢腐殖质多、肥厚湿润、疏松的砖红壤或山地黄壤，因此多生长在山地雨林或半常绿季雨林中。它们不喜欢强光，幼苗的时候甚至还需要树荫的保护呢！

沉香树聚集的地区大多在北回归线及其以南的热带地区。在我国，它们主要生长在广西、广东、福建、海南等地区，而且海拔通常都不超过400米。不过在海南，沉香也能够在海拔1000米的地方存活。

沉香树是我国二级的濒危保护树种，非常珍贵。它的珍贵不仅仅因为它稀有，更重要的是因为它的用途十分广泛，可以说全身都是宝！比如，从它的树脂中提炼出来的棕黑色的心材经过加工后就是能够降气纳肾的沉香。这种药物对脘腹胀痛、呕吐、大肠虚闭、腰膝虚冷等病症都有着不错的疗效。它的树脂可以制成香料，种子可以用来做润滑油和肥皂，就连树皮也能用来造纸。看看，它是多么的实用啊！

除了对人们的生活有所帮助以外，沉香树对环境的贡献也

不可小觑。它的根系能够延伸到地下很深的地方，对水土可以起到很好的保护作用。

另外，沉香树本身能驱虫，但却不会将虫子杀死，在自我保护的同时也维持着生态的平衡。这样一种既有经济效用又有环境效用的树种，对它进行人工培植真是太有必要啦！

现在，我国的沉香供应非常不足，有时还要依靠进口，价格也非常高。目前，还有人为了个人利益，不顾法纪，对沉香树滥采滥伐，使它们几乎面临灭绝的危险。看来，我们一定要加强对沉香树的保护才行！

不是狗的金毛狗

　　小朋友，你喜欢小动物吗？在众多动物中，与我们人类最亲近的就是狗了。很多小朋友的家中也都养着宠物狗吧，它们就像朋友一样陪伴我们成长。说到金毛狗，你会想到什么呢？

　　呵呵，你的脑海中是不是出现了一条憨头憨脑的棕黄色

宠物狗呀？不过，今天我们要说的金毛狗可不是你想象中的宠物狗哦，它是一种植物！什么？植物也有叫金毛狗的？当然啦，现在我们就一起来认识这种名称特别的植物吧！

　　金毛狗是一种大型的树状陆生蕨类，它的植株高1～3米，长得很像树蕨。它有着粗大的根状茎，端部向上翘起。因为地面以上的部分长着长长的金黄色的茸毛，看上去就像一只金毛犬，所以人们都叫它金毛狗。它的叶子比较大，叶

柄也很长，能达到1米，呈棕褐色。它们成簇地长在茎的顶端，看上去就像一顶头冠。

别看宠物金毛犬的性格非常阳光，和它同名的这种植物却并不喜欢阳光哦！它们大多生长在山麓中阴湿的山沟里或是树林下背阴的地方，喜欢酸性的土壤。虽然生活在背光的地方，可不代表它们不需要阳光哦！它们只是不喜欢被阳光直射而已，并不排斥散射的阳光。

适宜金毛狗生长的温度基本在21℃～26℃之间，我国的很多地方都能够达到这个标准，所以，金毛狗的种植南北皆宜。

　　不过北方最好种在温室里，而南方最好种在荫棚里，因为它们对空气湿度的要求比较高，要是湿度不达标，它们的叶子很快就会枯萎。

　　野生的金毛狗一般分布在我国的南部和西南部，湖南、贵州、江西、浙江、广东、广西、福建、台湾、四川

以及云南等地区都有它的身影。

　　野生的金毛狗主要依靠孢子繁殖。我们知道，植物的级别越低，对生长的要求就越少，也就越容易生长，我们甚至可以将它们养在花盆里。但是准备种金毛狗的小朋友可要注意了，它和别的植物可不太一样呢！因为它喜欢酸性的土壤，所以种植的时候最好在土壤中混入些腐烂的叶子和沙子。这样可以保证土壤的疏松性和透水性，以更适合它的生长。

　　在金毛狗生长旺盛的时候，我们还要注意加大周围的空气湿度，多为它们洒些水。冬天则要少浇水，防止它们的根烂

掉。如果想让它长得更加繁茂，可以偶尔给它们施一些肥哦！

　　除了作为观赏植物，金毛狗还有很多其他用途呢！例如，它可以食用或酿酒，根部入药能够起到滋补肝肾、祛除风湿、强壮筋骨的疗效，它茎上的叶子还能够止血！怎么样，它的用处不小吧！要是爸爸妈妈不同意你养宠物狗，那不如就种上一盆可爱的植物金毛狗吧！

小瞧我苦荬菜？
我可是药材！

说起我们身边的蔬菜，那真是数不胜数，小朋友们随便就能列举出好多种。那么，要是让你们说一说吃起来发苦的蔬菜都有什么，你们是不是一下子就会想到苦瓜呢？其实，除了苦瓜，还有一种野菜，它的味道也是苦的，它就是苦荬菜。下面，我们就来好好认识一下苦荬菜吧！

苦荬菜有很多名字，如苦菜、节托莲、败酱、苦麻菜、苦丁菜、小苦苣、苦碟子、败酱草等。它们通常生长在山地或荒野里，在我国北部、东部和南部都有分布。也许你也曾经见过它们哦，只不过你不认识它们，所以可能把它们当成杂草了。

在植物学中，苦荬菜属于菊科，苦荬菜属。它是一种多年生草本植物，成熟后的高度在10～30厘米，叶子长7～20厘米，宽0.5～2厘米，边缘有些锯齿，不过长得比较圆润，呈灰绿色，像莲花的花瓣一样围绕着茎生长。

新鲜的苦荬菜并没有什么奇怪的味道，只是在食用它的时候才会感觉到一些苦味。不过，要是把它放在太阳底下晒干，异味就出现了。

苦荬菜的叶和嫩根都能够食用，虽然有些发苦，但它含有非常丰富的粗蛋白质和维生素C，以及较低量的粗纤维，能帮助我们茁壮成长。苦荬菜这么有营养，小朋友们今后可

不要嫌它苦了，要多吃些呀！

有些地方还把苦荬菜当成家畜的饲料。新鲜的苦荬菜茎叶多汁，可是牛羊的最爱呢！

小朋友，你知道吗，看起来如杂草一般其貌不扬的苦荬菜还是一种药材呢！它能够清火解毒、祛瘀止痛。对于咳嗽、热毒疮疖、胸腹疼痛之类的病症都有着明显的治疗效果。此外，它还是治疗肠炎、阑尾炎和痢疾的良药呢！

有的小朋友可能要问了，我们到哪里才能找到苦荬菜

呢？其实不用这么麻烦，现在市面上已经有人工培育的苦荬菜在出售了。如果你想找野生的苦荬菜也不是什么难事，这种野菜既耐寒又耐旱，生活在北方的小朋友，在它生长的季节里，去爬爬山就一定能找得到！

小朋友们，以后放暑假的时候，不要总是待在家里了，可以拉上爸爸妈妈，一起去野外呼吸一下新鲜的空气，顺便找一找野生的苦荬菜吧！

放飞小伞兵的蒲公英

　　从前，有一个姑娘名叫朝阳，长得非常美，她不顾父母的反对嫁给了贫穷但善良的蒲公。可是没过多久，他们生活的地方就发生了战乱，蒲公被征兵的人带到前线，朝阳便自己在家带着女儿生活。他们房前长着一大片不知名的野花，日子清苦得过不下去时，母女二人就以这种野花为食，这些野花陪伴她们度过了最苦的日子。

就这样，时间一年一年地过去了，直到朝阳弥留之际战争才结束，而已经功成名就的蒲公只来得及见朝阳最后一面。朝阳去世后，蒲公每次前往战场，都会带上这种朝阳生前最爱的野花，野花的花瓣在途中随风飘落在大地上，繁衍生息。从此，这种野花开遍了蒲公经过的地方。

什么花的花瓣才能四处飘散呢？聪明的你一定猜到

了，没错，就是蒲公英！对于这种植物我们并不陌生，很多小朋友都经常把玩这种植物，我们的教科书里也有一篇《蒲公英的种子》的课文来专门介绍蒲公英！可见，小小的蒲公英还是一种人气颇高的植物呢！

蒲公英，别名黄花苗，属菊科，是一种多年生草本植物。它的植株高度在10～25厘米之间，茎叶中含有白色的乳汁。蒲公英的叶子从植物的根部开始生

长，呈莲花花瓣的形式排列，叶边长有锯齿。开在顶端像绒球一样的花就是蒲公英的种子，种子成熟后会借助风力随处飘扬，就像一个个在空中飞舞的小降落伞，将一颗颗种子带到新的地方生根发芽。

蒲公英的生命力很强，在路边、田野、山坡上都可以生长。在初春或晚秋的时候，到处都能看到它们的身影呢！

很多小朋友只喜欢吹蒲公英的种子来玩耍，但是你们不知道吧，蒲公英的用处可不止如此呢！蒲公英含有丰富的营养，蛋白质、碳水化合物、脂肪在它的体内一应俱全。除此之外它还含有维生素和一些微量元素，既可以生吃，也可以加工成菜，味道十分鲜美。

你一定不知道吧，现在，人们已经开始对蒲公英进行大批量的人工培育了。人们种植它可不仅仅是为了把它作为蔬菜出售哦，因为它还有丰富的药用价值呢！

蒲公英不仅能对抗脸上的红疹、雀斑、痤疮，还能治疗白发、脱发等问题，对胃肠疾病以及呼吸道疾病也有一定的效用。

蒲公英的药用价值并非近几年才发现的，在古代，我国人民就已经开始用它制作药材了。《本草纲目》《神农本草经》《唐本草》《中药大辞典》等举世闻名的医学著作，都

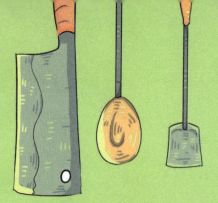

对蒲公英给予了高度的评价。

虽然只是田间地头不起眼的野草，但是蒲公英的名声就像它放飞的那些降落伞一样，已经遍布世界各地了！

蕺菜不是菜，是可恶的杂草！

近年来，很多饭店的菜谱上都多出了一道名为鱼腥草的菜肴，听名字我们也不难猜到它的味道了。那么，鱼腥草到底是一种什么样的植物呢？

其实，鱼腥草是蕺菜的一部分。蕺菜是一种杂草，属于多年生草本植物，植株高半米左右，通常在每年的4—8月开

花，5—10月生长，通体呈紫红色。尽管鱼腥草在饭店出售的价格不低，但野生的蕺菜却不难寻找，在田间地头、溪边树林等地随处可见，是一种生命力很强的植物。

蕺菜喜欢阴湿的环境，在砂质土壤和腐殖质土壤中生长得最为良好。它们非常耐涝，却无法忍受干旱，更怕强光的照射。它们喜欢温暖的地方，却也能够忍耐寒冷，在−15℃的低温里也能存活，并且长得枝繁叶茂。

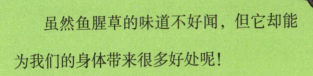

　　虽然鱼腥草的味道不好闻，但它却能
为我们的身体带来很多好处呢！

　　首先，它能够提高我们身体的免疫力。在
临床试验中，鱼腥草对感染性疾病的治疗能起到一
定的作用。其次，它有很强的抗菌能力。因为在鱼腥草中存
在着一种黄色的油状物质，这种物质对酵母菌和霉菌等微生
物都有抑制作用，尤其对痢疾、流感以及溶血症更能起到显
著的疗效。再次，它还能够增加人体血流量和尿液分泌，可
以起到利尿的作用。

　　鱼腥草还有一个更加神奇的本领，就是它
能够有效地防治辐射。蕺菜是唯一一种能够从
原子弹的爆炸点中再生出来，并且不产生任何

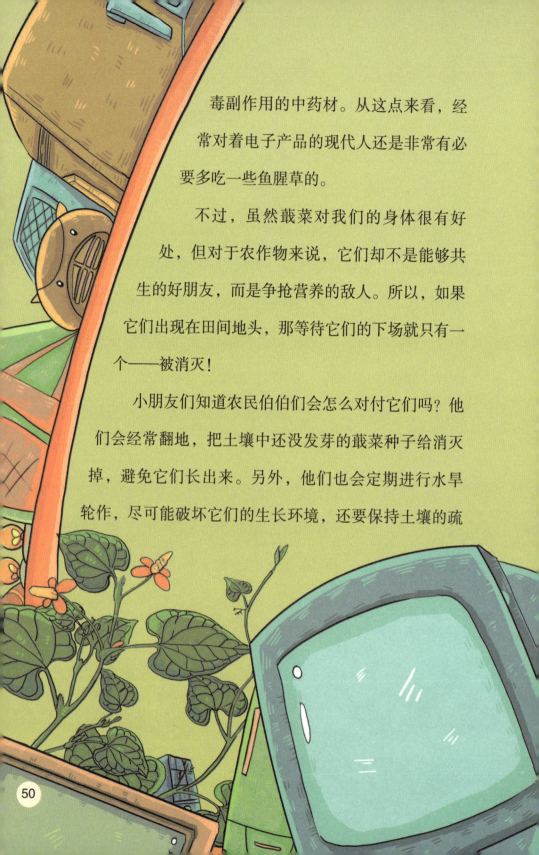

毒副作用的中药材。从这点来看，经常对着电子产品的现代人还是非常有必要多吃一些鱼腥草的。

不过，虽然蕺菜对我们的身体很有好处，但对于农作物来说，它们却不是能够共生的好朋友，而是争抢营养的敌人。所以，如果它们出现在田间地头，那等待它们的下场就只有一个——被消灭！

小朋友们知道农民伯伯们会怎么对付它们吗？他们会经常翻地，把土壤中还没发芽的蕺菜种子给消灭掉，避免它们长出来。另外，他们也会定期进行水旱轮作，尽可能破坏它们的生长环境，还要保持土壤的疏松，不让水分过多地积存在土壤里。必要的时候，农民伯伯还会使用一些除草剂。

蕺菜在农田里这么不受欢迎，为什么我们还能常常吃到它们呢？原来，由于鱼腥草的食用价值高，所以人们现在已经划出一部分农田专门培养它们啦！

马齿苋的营养可丰富啦!

小朋友们喜欢吃野菜吗?你们能够列举出几种野菜呀?我们国家刚成立的时候,由于粮食严重不足,所以野菜在当时是人们餐桌上最常见的食物。虽然我们今天已经无需再依赖它们生活了,不过,野菜作为一种健康食品,现在可是深受人们的喜爱呢!

马齿苋是众多野菜中的一种。它属于一年生草本植物,外表呈淡绿色,偶尔也会夹带着一点点暗红色。马齿苋一般能长到10~30厘米高,它的叶子又扁又平，但是肥厚多汁。因为形状看起来很像马的牙齿，所以人们就给它起名叫"马齿苋"。

　　作为野菜，我们食用的主要是它的茎和叶，因为这两个部分比较鲜嫩好吃。马齿苋的花呈黄色，没有花梗，这在植物里可是比较特别的哟！它的花期是每年的5—8月，成熟期是6—9月。

和大多数植物一样，马齿苋也喜欢营养丰富的土壤。同时，作为一种野菜，它们的生命力十分顽强，既耐旱又耐涝。马齿苋在温带和热带地区分布较广，我国的南北方都有生长。菜园、农田、路边，随处可以见到它们的身影。

虽然只是田间的杂草，但马齿苋的营养价值很高，它小小的身体里富含蛋白质、脂肪、糖、粗纤维、胡萝卜素、钙、磷和维生素等多种营养物质，十分适合食用。

随着近年来研究的深入，我们发现，马齿苋中还含有丰富的维生素A样物质和SL3脂肪酸。这两个名字对小朋友来说可能有点儿陌生，其实解释起来一点也不难哦！简单来说，SL3脂肪酸是我们的脑细胞膜和眼细胞膜必需的一种物质，而维生素A样物质是维持角膜、皮肤等正常机能必不可少的一种物质。没想到吧，对我们的身体如此重要的两种物质，小小的马齿苋里竟然都有呢！

除可以食用，马齿苋还能用来加工农药和兽药。马齿苋甚至能够用来治病，你们一定没有想到吧！告诉你们，它可是草药中的一员呢！虽然我们食用时只吃它的茎和叶，但是它整棵都能入药。

营养丰富的马齿苋除了能为我们的身体提供所需的营养，还有利于消肿、降血压、扩张血管，可是降血压的好东西呢！

马齿苋的药用价值还不止于此，它还能够预防心脏病、杀菌消炎呢！对于痢疾、肠炎和口腔溃疡等疾病的效果也都不错。

　　现在，越来越多的人开始认识到马齿苋丰富的营养价值，一些国家和地区也已经开始人工栽培马齿苋了。不过，现在还是一些发达国家栽培得比较多，我国还没有进行推广，只在台湾、广东和海南等地有为数不多的人工培植。

　　小朋友们现在知道马齿苋的营养有多丰富了吧！在它生长的季节里，你试着去公园的草地上找找看，说不定就会发现它们的身影呢！

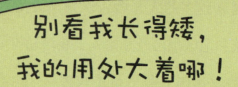

别看我长得矮，
我的用处大着哪！

在我们的身边，生长着许多说不出名字的小草。在这些小草中，有的用途可大着呢！

例如刺儿菜就是我们平时不常注意的一种小草，多年生草本植物，根系发达，长度甚至要超过地上的部分呢！它的茎一般是笔直的，成熟前外边包了一层像蜘蛛丝一样的白色绒毛，成熟后能长到20～50厘米高。椭圆形的叶子相对交错着生长，也有的叶子是逐渐变窄变尖的水滴形，但都没有叶柄。

刺儿菜的花朵是紫红色的，形状很像一根管子。它们主要靠种子进行繁殖。种子成熟后，整个植株的根茎部分就会自行断裂，断裂后的植株主要靠风进行传播。它们的花期是每年的6—8月，成熟期是8—9月。

在植物学上，刺儿菜是一种介于水生植物和旱生植物之间的中生植物。它们不耐旱也不耐涝，对于水分的要求较为严格。

不过由于它的根系发达，所以短时间的干旱还是可以抵御的，但是，干旱的时间千万不能过长，不然它们就只有死路一条了。

虽然刺儿菜对水分的要求比较高，但是它的分布还是比较广泛的，地头、田间、路边小区，随处都可以看见它们的身影。刺儿菜在我国境内分布较广，尤其是西北、华北、东北以及西南等地，在日本和朝鲜也有分布。

长在村落边或路边的刺儿菜人们可能并不关心，不过，要是它们长在农田或是果园中，可就会吸引农民伯伯的视线

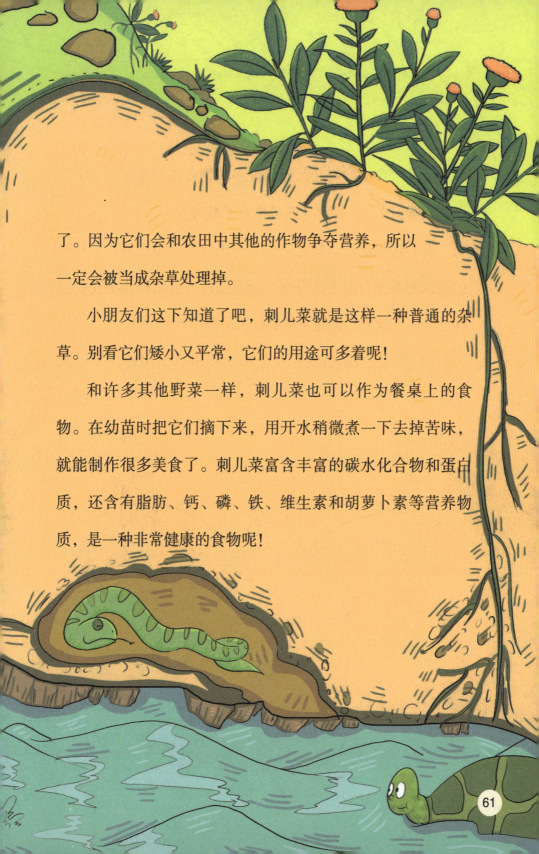

了。因为它们会和农田中其他的作物争夺营养，所以一定会被当成杂草处理掉。

小朋友们这下知道了吧，刺儿菜就是这样一种普通的杂草。别看它们矮小又平常，它们的用途可多着呢！

和许多其他野菜一样，刺儿菜也可以作为餐桌上的食物。在幼苗时把它们摘下来，用开水稍微煮一下去掉苦味，就能制作很多美食了。刺儿菜富含丰富的碳水化合物和蛋白质，还含有脂肪、钙、磷、铁、维生素和胡萝卜素等营养物质，是一种非常健康的食物呢！

除供人食用，刺儿菜还是许多动物喜爱的美食。幼嫩的刺儿菜鲜美多汁，猪和羊都非常喜欢吃呢！

除了食用价值，刺儿菜还有药用价值。多吃刺儿菜对人的心血管系统有很大的好处。低血压的人食用刺儿菜还能够帮助升压。此外，刺儿菜还有抗菌的作用。

怎么样，小小的刺儿菜虽然个头不高，用处还是很大的吧！

全世界都喜欢我
荠菜的美味呦！

　　小朋友们跟爸爸妈妈逛超市的时候，有没有在速冻食品里挑选过荠菜馅的饺子呢？你们知道荠菜是一种什么菜吗？它又长什么样子吗？

　　荠菜是一种野菜，它的营养价值非常高，受欢迎的程度可是风靡全世界呢！无论是凉拌热炒，还是做成汤羹馅料，都深受人们的喜爱。荠菜为什么会有这么多的食用方法呢？这主要是因为它没有异味，而且味道鲜美，口感极佳。

　　呵呵，虽然经常吃到，但是小朋友们一定很少见到加工前的荠菜，对它们的样子也一定很好奇吧？下面我们就来具体地介绍一下荠菜的外貌特征。

　　在植物学中，荠菜为十字花科荠菜属，是一、二年生的草本植物。它的茎向上笔直生长，

有可能是1根，也有可能生成分枝，成熟的茎干可以长到20~50厘米。它的根是白色的，叶子密集地排列在靠近地表的根上，甚至会挨着地面，看上去就像莲花的花瓣一样。荠菜的花朵非常小，呈白色，开花后便会孕育出种子。野生的荠菜通常在4—6月开花、结果。

荠菜对于生长环境的要求并不太高，对于土壤尤其没有特殊要求。不过，如果是在疏松肥沃的土壤上种植，它们就会长得更加肥壮。荠菜非常耐寒，喜欢凉爽的气候，正常温度下就能够发芽。不过，10℃~22℃是它们的最佳生长温度。如果气温低于10℃，它们的生长速度就会放缓，品质也会降低。不过就算气温降到0℃以下，它们也不会冻死，它们的植株是耐得住零下的温度呢！

荠菜的口感为什么如此鲜嫩呢？秘密就在于水分哦！因为荠菜的水分含量是非常高的。当然，我们选择食用荠菜也不仅仅是因为它的口感好，还因为它含有非常丰富的营养物质。荠菜里含有丰富的碳水化合物、蛋白质、脂肪、钙、铁、磷、维生素和胡萝卜素，还含有对身体特别有益的胆碱、黄酮甙和乙酰胆碱等物质。这些营养物质可是具备健胃

消食、降血压的功效呢!

荠菜这种遍布全世界的野菜也并不是近几年才风靡起来的,早在古代,它就已经是人们餐桌上的一员了,我国在公元前300多年就有关于人们食用荠菜的记录。荠菜如此美味又健康,对它进行人工栽培自然是天经地义的了。现在,我国的很多大城市都在人工栽培荠菜,上海更是已经有90多年的荠菜栽培历史了!你们不知道吗,荠菜还是一种善变的蔬菜呢!它的品种会随着土

质的不同而发生改变。

所以，虽然很多大城市都在进行人工种植，但荠菜的生产规模相对来说依然是比较小的。

人工栽培的荠菜主要有两个种类，分别是板叶荠菜和散叶荠菜。这两种荠菜的生长速度都比较快，而且在除冬天以外的任何季节都可以种植，并且一两个月就能采收，可以说是非常高产的。

怎么样，荠菜是不是很厉害呀？这样既营养又有药用价值，种起来也不是很困难的荠菜，也难怪大家都喜欢啦！

多吃野苋菜，身体棒棒的

小朋友们熟悉苋菜吗？如果没听说过这个名字，那你们应该听说过荇菜吧？其实这两个名字指的都是同一种蔬菜哦！除了这两个名字，苋菜还有红菜、野刺苋、杏菜、玉米菜等名称。

苋菜是苋科苋属，一般长得比较高，茎能达到1米以上，而且有分生的枝，叶子相对交错着生长。我们平时食用的主要是苋菜细嫩的茎叶，它们的

叶子两边是绿色的，中间是紫红色的。因为纤维比较粗，所以嚼起来会有菜渣，不过这丝毫不会影响到它的美味哦！

　　苋菜的亲戚可不少，我们通常说的苋菜只是一种统称，全世界共有几十种苋菜呢，仅我国就有十多种。除了苋菜和繁穗苋等被驯化种植的品种外，其余大部分的苋菜都是野生的。野苋菜喜欢肥沃的土壤，是一种喜阳的植物。它们既耐旱又耐高温，在日照短的高温下也很容易生存，是一种生命力十分顽强的植物。

野生苋菜多生长在田间、路边、沟岸和河堤等地。不同种类的野苋菜遍布各地，分布十分广泛。例如，刺苋主要分布在华中、华东、华南、西南等地。

　　现在，苋菜被人们广泛种植，已经成为了一种常见的蔬菜，这说到底还是因为它含有丰富的营养价值。除了常见的碳水化合物、脂肪、水分、粗纤维、胡萝卜素和维生素外，苋菜还含有钾、钠、镁、氯等微量元素，对我们的身体十分

有好处。苋菜中的钙质可以促进我们的骨骼发育和牙齿的生长，还能够防治抽筋；其中的维生素K能够增加我们血红蛋白的含量，还能促进造血。另外，苋菜中的粗纤维还是防治便秘的特殊武器呢！所以，正在长身体的小朋友们应该多吃一些苋菜，尤其是野生的苋菜，这样能够帮助你们快快长高哦！

苋菜的神通广大可不只是这些呢，它还是一味药材！苋菜有着清热解毒、明目利咽的功效，能够提高我们身体的免疫力，帮助我们健康成长。

　　现在，人们栽培苋菜的技术可以说是日新月异。把它们栽种在碱性的土壤中，用不了5天就能出苗了，生长期也很短，只有1—2个月。夏天是苋菜出产的最佳时节哦！小朋友们，到了夏天，我们就能吃到美味的苋菜啦！

离不开苋菜的臭豆腐

　　小朋友们，你们喜欢吃臭豆腐吗？你们知道它是怎么制成的吗？我想你们肯定不知道，让我来告诉你们吧！臭豆腐可不是放坏的豆腐，而是用特殊材料腌制而成的。这个特殊的腌料正是苋菜汁！苋菜汁是把新鲜的苋菜梗腌制起来，经过多年的发酵才能制成的腌料，苋菜汁里无需添加任何化学物质。在盛产臭豆腐的绍兴，还被人们称为臭豆腐水呢！人们将豆腐放进苋菜汁中浸泡，就能做出好吃的臭豆腐啦！所以，臭豆腐可是离不开苋菜呢！

又能做药材，又能做扫帚的菜

　　小朋友，你的家中一定有扫帚吧？扫帚可是每个家庭都必不可少的除尘工具呢！它最早也是起源于我国的。

　　相传在4000多年以前，夏朝的一个年轻人因为看到受伤的野鸡拖着尾巴前行的一幕而产生了灵感，于是制出了第

一把由鸡毛扎成的扫帚。后来，他又发现用草做成的扫帚更加方便实用，便将鸡毛换成草，这就是我们今天使用的扫帚。

现在，很多家庭都改用吸尘器来除尘，即使有扫帚，大部分也都是塑料制成的。不知道小朋友们有没有见过草制成的扫帚呢？要是见过，对于做扫帚的材料你应该也是很好奇的吧？这种做扫帚的草究竟是一种什么草呢？

今天我们就来认识一种扫帚菜吧！光听名字，你一定知道它就是做扫帚的材料了。那么，除了做扫帚，这种菜还有别的用途吗？

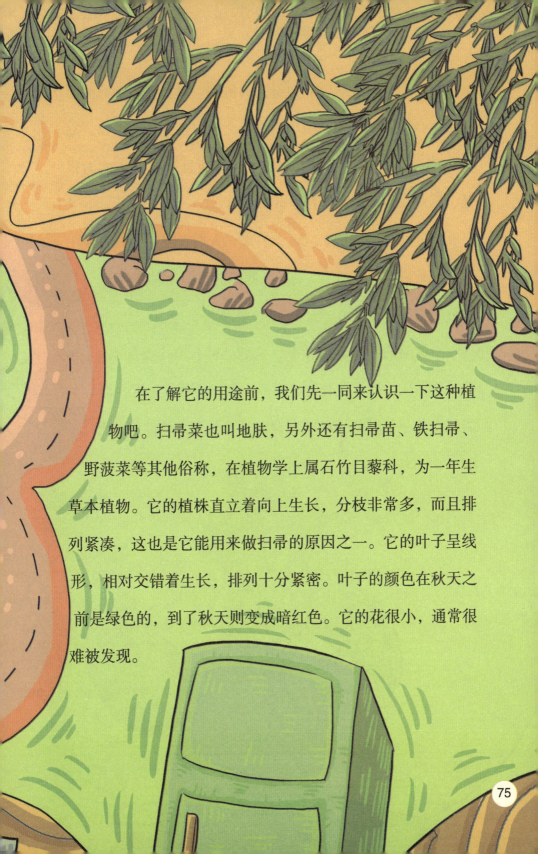

在了解它的用途前，我们先一同来认识一下这种植物吧。扫帚菜也叫地肤，另外还有扫帚苗、铁扫帚、野波菜等其他俗称，在植物学上属石竹目藜科，为一年生草本植物。它的植株直立着向上生长，分枝非常多，而且排列紧凑，这也是它能用来做扫帚的原因之一。它的叶子呈线形，相对交错着生长，排列十分紧密。叶子的颜色在秋天之前是绿色的，到了秋天则变成暗红色。它的花很小，通常很难被发现。

扫帚菜是一种适应能力很强的植物，对土壤和水分的要求都不高。它们喜阳，耐旱耐高温，也耐碱土，在果园、庭院、路边、山林和荒地中都能生长，而且自身繁殖能力很强，因此在很多地方都有分布。

　　扫帚菜原产于欧亚地区，后来，人们发现了它的各种用途便开始进行人工种植。现在，我国的很多地区都广泛地分布着各种扫帚菜。

　　扫帚菜的营养价值很高，它的茎叶含有丰富的水分、蛋白质、碳水化合物、胡萝卜素和各种维生素，但脂肪含量很低，是一种既有营养又有益于人体健康的野

菜呢！同时，和许多其他草本植物一样，扫帚菜也能入药，它有着清热解毒的功效，能够治疗腹泻。

此外，扫帚菜的植株生长得非常繁茂，体态匀称整齐又耐修剪，因此也常被人们用于搭配花卉或装饰庭院，看上去还别有一番风情呢！

传统的扫帚是这样制作的

扫帚菜可不是长出来就是扫帚的样子哦！那它们是怎样变成扫帚的呢？首先要选择整株的扫帚菜，对它们进行晾晒，同时去掉里面的杂草，然后再将它们平铺在地面上，用石碾反复碾压，压完后再把它们浸水晾干，这样可以让它们具备良好的韧性。最后把它们一层一层按照顺序捆扎到扫帚杆上，再用硫黄进行熏蒸，一把扫帚就做好啦！

虽然叫羊蹄，
可人家是植物啦！

　　猫的脚被我们称为猫爪，而羊的脚称作羊蹄。若说起羊蹄，浮现在你脑海中的一定是一只羊的脚吧？哈哈，我们今天说的羊蹄可不是羊的脚哦，虽然同样叫作羊蹄，但它却是一种植物。你知道它长什么样子吗？

　　羊蹄是一种多年生的草本植物，身高在0.5～1米之间。

它们的茎笔直地向上生长，没有分枝。叶子交错生长，呈长圆形，靠近地面的叶子通常长得比较大。它们的根是黄色的，一般也比较粗大。野生的羊蹄在我国大多分布在东北、华北、华东、华中及华南等地，在国外则主要分布在俄罗斯、日本和朝鲜。

羊蹄最喜欢湿润凉爽的环境，它们不耐旱也不耐涝，如果温度过高，就会出现生长不良的情况。另外，它们生性喜欢肥沃疏松的土壤，尤其是腐殖质和砂质土壤，湿度较大或有板结的土壤则不利于它们的生长。因此，小朋友们如果想要栽种羊蹄，一定要为它们选择适合的生长环境哦！

除冬天以外的任何季节，我们都可以种植羊蹄，直接使用它们的种子或根就可以。

羊蹄最大的价值就是可以入药，它在中药里还有很多别名呢，像是鬼目、东方宿、败毒菜根等等。作为药物，羊蹄的根可以用来治疗血液系统疾病。此外，羊蹄还有止血、降压、清热解毒、通便等功效。

　　羊蹄虽然有这么多的好处，不过小朋友们也要注意，是药三分毒，羊蹄虽然能够治病，但是它体内含有草酸，剂量过大是会中毒的哦。所以小朋友们不要随便品尝哦！

红红的覆盆子是
好吃的水果

关于覆盆子的记载最早出现在《本草经集注》里，虽然是被记载在医药类的著作中，但它本身其实是一种水果。这种水果酸酸甜甜的，非常好吃。覆盆子还有很多别名，比如野莓、树莓、木莓等等。在国外，尤其是在许多欧美国家，覆盆子可是相当流行的一种水果呢！但是在我国，这种水果

并不多见，仅在东北地区有少量的种植。因此，小朋友们没见过它也就不奇怪了。

覆盆子在植物学中属于蔷薇科，是一种落叶灌木，植株能够长到3米高，幼小的枝叶是绿色的，上面长着一些倒刺，结出果实后就会死掉。它们的叶子是少见的圆形，交错着生

长，叶柄比较长。覆盆子通常春天开花，夏天结果。它们的花是纯白色的，果实一般是红色的，也有一些是黑色的和金色的，不过并不多见。此外，覆盆子的根长得比较浅，几乎伸不到地里，但是须根非常发达。

覆盆子一般生长在低海拔和中海拔的地区，喜欢温暖湿润的气候和散射的阳光，因此，在一些背阴的灌木丛或小溪边，我们都能见到它们的身影。

另外，覆盆子对温度也有一定的要求，当气温低于5℃时，植株就会停止生长，进入休眠状态。因此，覆盆子在冬天是不会开花结果的。通常要等到第二年的春天，气温慢慢回升时，它们才会继续生长。

虽然对气候的要求不少，但是覆盆子对土壤并没有什么特殊要求，可以说，它们适应土壤的能力非常强。不过，肥沃疏松、排水性良好的酸性或中性土壤是它们的最爱。在红

壤、紫色土和中性土壤中它们能够生长得更加旺盛。

覆盆子不但味道鲜美，它小小的身体里还富含丰富的维生素C、糖类和有机酸，是一种非常健康的水果，并且能够入药呢！小朋友们，你们家的附近有没有覆盆子树呢？要是有的话，等到夏天，不妨摘一些来尝尝哟！

靠种子过冬的小飞蓬

我国的中医药学博大精深，里面记载了各种各样功效各异的草药。今天我们就来认识其中的一种吧，它的名字就叫小飞蓬。看到它的名字，你有没有什么疑问呢？它为什么叫小飞蓬呢？难道是飞蓬的幼苗吗？其实不是呢，虽然它们都能入药，但是小飞蓬和飞蓬是两种完全不同的植物，所以小朋友们一定要把它们分清楚，千万不要搞混啊！

小飞蓬，又名小蓬草、祁州一枝蒿、小飞莲等等，是菊科草本植物中的一种。它们越年生或一年生，全草都能入药。小飞蓬在我国的很多地方都有分布，通常集体生长，也就是说，找到一棵就意味着找到了一片。它们多生于河滩、路边和沟渠旁。

　　小飞蓬大多能长到0.5～1米高，它们的茎直立向上生长，茎干上长着比较细的条纹和较为粗糙的绒毛。它们的叶子比较窄小，都是交错着生长的，开出的花呈黄棕色，味道

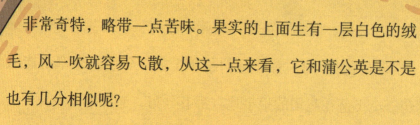

非常奇特，略带一点苦味。果实的上面生有一层白色的绒毛，风一吹就容易飞散，从这一点来看，它和蒲公英是不是也有几分相似呢？

越年生的草本植物通常有以下几种过冬的方式：有一些植物不怕冷，于是在秋天发芽后就直接越冬，等到第二年再开花结果，例如大亚麻叶飞蓬就是通过这样的方式过冬的；还有一些植物，在冬天时虽然地面上的部分枯萎了，但是土壤里的根和地下茎仍然是活着的，等到天气暖和了就会再次开花，即所谓的休眠，例如，芦苇就是通过这种方式过冬的。

那么，小飞蓬是如何过冬的呢？这取决于它的繁殖方式。小飞蓬主要是靠种子进行繁殖的，所以，它们春天开花，秋天结果，赶在冬天到来之前变成种子，这样就能安然度过冬天了。现在你们知道了吧，小飞蓬越冬的秘密原来就藏在它的种子里！大部分植物的过冬方式也都和小飞蓬一样。

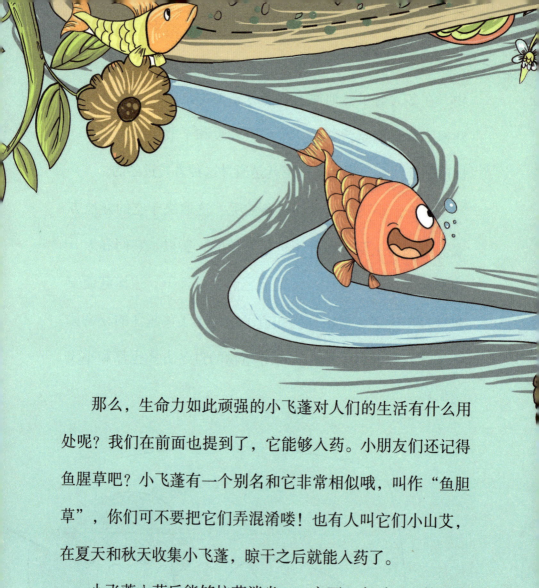

　　那么，生命力如此顽强的小飞蓬对人们的生活有什么用处呢？我们在前面也提到了，它能够入药。小朋友们还记得鱼腥草吧？小飞蓬有一个别名和它非常相似哦，叫作"鱼胆草"，你们可不要把它们弄混淆喽！也有人叫它们小山艾，在夏天和秋天收集小飞蓬，晾干之后就能入药了。

　　小飞蓬入药后能够抗菌消炎，一方面，它对心血管系统的疾病、痢疾、肠炎和胆囊炎都有不错的疗效。另一方面，它还能够清热利湿、散瘀消肿，所以也可以外用，对于治疗跌打损伤和风湿骨痛都能收到不错的效果。

我叫马唐，你认识我吗？

看到马唐这个词，相信不少小朋友都会感到陌生。它是什么？是哪个人的名字吗？下面，我们就来一起认识认识它吧，看看马唐究竟是什么。

其实，马唐是一种植物，它在植物学上属于早熟禾科马唐属，是一年生的草本植物。虽然马唐这个学名我们没有听过，但是它其他的名字我们也许有些印象哟，比如羊麻、羊

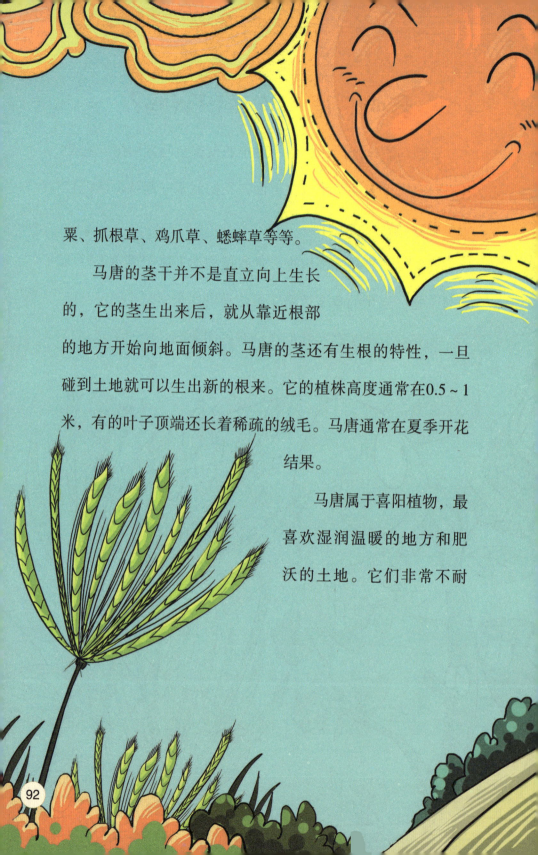

粟、抓根草、鸡爪草、蟋蟀草等等。

马唐的茎干并不是直立向上生长的，它的茎生出来后，就从靠近根部的地方开始向地面倾斜。马唐的茎还有生根的特性，一旦碰到土地就可以生出新的根来。它的植株高度通常在0.5~1米，有的叶子顶端还长着稀疏的绒毛。马唐通常在夏季开花结果。

马唐属于喜阳植物，最喜欢湿润温暖的地方和肥沃的土地。它们非常不耐寒，只要气温低于20℃，发芽的速度就会变得非常缓慢。种子成熟后还会根据温度的高低选择是否休眠呢！

马唐的家族很庞大，如果给它们分类，能分出300多种呢！马唐的分布范围也很广，几乎遍及世界各地，它们在我国的各地都有生长，在欧洲和北美也十分常见。在田野、荒地和草坪上，到处都能看到它们的身影。

在不同的国家，马唐的用途也不尽相同。美国的加利福尼亚州习惯用马唐做动物的饲草，而在我国，马唐则主要用来入药。

　　我国的许多中医药著作对马唐都有相应的记载，例如《名医别录》中这样记载："马唐，生下地。茎有节，节生根。五月采。"可见在很久以前，我国人民就已经非常了解这种植物了。作为中药，马唐既可明目又可润肺，还有止咳的功效呢！

你知道马唐的危害吗？

　　马唐虽然能够作为一种中药为我们所用，但是对于农作物来说，它可是头号大敌呢！马唐是旱地上的一种恶性杂草，无论是在分布面积还是在数量上，都居于杂草的首位！我国各地的农田都有马唐的身影，在秦岭—淮河以北的地区蔓延得最为广泛，玉米、棉花、谷子、高粱、蔬菜、果树等作物都常常受到它们的危害。

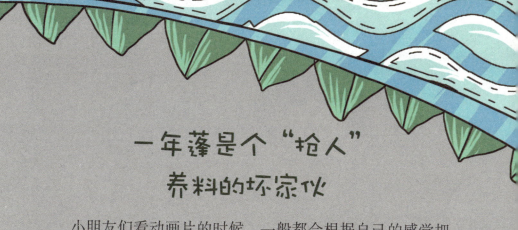

一年蓬是个"抢人"养料的坏家伙

小朋友们看动画片的时候，一般都会根据自己的感觉把动画片里的人物分为好人和坏人。而我们判断的标准通常是：如果一个人为大家做了好事，我们就说他是好人；而他如果做了对大家有害的事情，我们就说他是坏人。那么我们一起来想一想，植物有没有好坏之分呢？

告诉你们吧，植物也有好坏之分哦！那些能够帮助我们健康成长的各种蔬菜、能够陶冶我们情操的漂亮花朵，都是可爱的好植物。反过来，那些对生态平

衡造成不良影响的，自然就是植物里的"坏家伙"喽！

一年蓬就是植物中的"坏家伙"。它是一种草本植物，一年生或越年生，植株高矮不一，通常在30～100厘米之间。它的茎直立向上生长，上面有着质地比较硬的绒毛，顶部还会长出分枝。它通过种子来繁殖，春季萌芽，夏季开花，初秋结果。

除了这个名字，一年蓬还有不少别名，如野蒿、女菀、

千张草、油麻草等。另外，小朋友们都听说过"墙头草"这个词吧？通常，我们在形容一个人摇摆不定时，都会用到这个词。你们还不知道吧，"墙头草"也是它哦！看吧，这种植物就连名字都无法让我们产生好感呢！

一年蓬原产自美洲，和其他众多植物一样，一年蓬也喜欢肥沃的土壤和温暖的阳光。不过，就算土壤条件不那么优越，它们依然能够苗壮地生长。正因为这样的生活习性，所以一年蓬在我国大部分地区都有生长，从东北到华北，从西

北到华中，再到华南，都有它们的身影。

一年蓬就还真应了一句俗语，"墙头草，随风倒"，各种作物的生长它都会掺和一脚，无论是茶园、果园，还是麦田、苗圃，甚至于草原，它都要入侵。一年蓬总是和作物们相伴而生，同作物们争抢养料，经常对作物的生长造成严重影响。

说起来，一年蓬这种植物还真是可怕。除了自身的危害，它的身边还常常带着地老虎这个"爪牙"！同时，由于适应能力和繁殖能力都超级强，所以生长速度和数量都高得可怕，对农田的伤害可以说是非常

一年蓬的"爪牙"——地老虎

地老虎是一种昆虫，又叫切根虫或夜盗虫，它还有一个比较常见的名字叫地蚕。地老虎是一种食量非常大的害虫，有很多种类，但大部分都会对农作物造成危害。它的幼虫尤其厉害，寄生在一年蓬上后，就会与一年蓬同流合污，一起危害良田，严重时甚至会害死整株作物！因此，必须从源头上消灭一年蓬，才能将它的"爪牙"一并消除！

巨大的！现在，我国农业部已经将一年蓬列入了外来入侵物种的黑名单里，同时也将它备份到了高侵害性的农业生物系统里。这样看来，它们是不是很可怕呢？

不过，虽然对农作物而言是个坏家伙，但一年蓬也并非是一无是处的，它还有药用价值呢！将它入药能够治疗疟疾、蛇毒等顽症，另外，它还有着消食止泻、清热解毒的功效。所以，它还是能为人们作出贡献的。

野燕麦！
不准和小麦抢地盘！

香甜的燕麦片想必大家都很熟悉吧，爸爸妈妈经常都会从超市买燕麦片回来给我们吃。它是一种粗粮，对我们的身体很有好处。这样想来，野燕麦是不是野生的燕麦呀？那吃它的话，会不会对我们的身体更好呢？

哈哈，你要是这么想可就要闹笑话了，因为野燕麦和我们吃的燕麦并不是同一种作物哦！它是一种杂草，不但不能吃，而且还会危害农作物呢！

野燕麦，也叫铃铛麦，是禾本科燕麦属的一年生草本植物。它的茎秆能单一向上生长，也能产生分枝。植株的总体高度在0.5~1米不等，叶子比较宽，呈带状，还长有"麦穗"，它的花就生长在"麦穗"上。野燕麦的果实呈长圆形，外面有一层浅棕色的绒毛。它也是靠种子繁殖的野草。

在具备了发芽的条件之后，野燕麦的幼苗很快就会长出来。一开始，它们比小麦长得慢一些，但是慢慢就会赶上小麦。通常情况下，只要温度保持在10℃~25℃，它们就能够顺利发芽。

野燕麦在春天发芽，夏初开花结籽，之后种子会自行脱落，但必须经过3~5个月的休眠之后才能再次萌芽。不过在种植冬小麦的地区，为了和小麦保持一

致，它们在春季就会开花结籽。

很多种子在脱落之后都要经过休眠期再发芽，之所以这样，是为了更好地繁衍生息，抵抗外界的不良条件。野燕麦休眠的原因有很多，比如受到外界因素的影响而被强制休眠等。当然，从它自身的角度来讲，休眠也是为了等待自身发育的成熟。

虽然野燕麦自身盼望着发芽，但是农民伯伯却巴不得它永远都别发芽呢！说到底，这都是因为它对禾谷类植物尤其是小麦的危害十分巨大。可以说，野燕麦最喜欢做的事就是与小麦抢夺地盘！

在美国、加拿大等地，野燕麦的危害程度相当高，每年造成的损失达上亿美元！俄罗斯、中东、北非和澳大利亚等地也经常受到野燕麦的威胁。

我国同样不能幸免，我国的西北和东北等地区同样是野燕麦的生存地呢。它们有着杂草的特性，适应能力非常强，甚至经过动物的消化排泄之后仍然具有发芽的能力，而且它们的繁殖能力还非常强。这些都为它们的经久不衰奠定了基础，使我们很难将它们彻底根除。

野燕麦和小麦长得很像，对农作物不熟悉的我们，想要区分它们真的很难！现在，我们就一起来看看它们究竟有什么不一样的地方吧！

野燕麦的敌人——燕麦畏

从名字上看，我们也知道燕麦畏是做什么用的了！野燕麦作为田间杂草的一种，是必须要铲除的。而燕麦畏正是人们为了对付野燕麦而专门研制的。燕麦畏能渗入土壤，将野燕麦扼杀在摇篮里。让它们即使发了芽，也会因为根部吸收了这种除草剂而无法继续生长。更为神奇的是，燕麦畏还有很强的挥发性，所以就算在空气中也能发挥一定的除草作用呢！

从表面来看，野燕麦的叶子上面长有一层短短的绒毛，而且同小麦相比，叶子更窄更细。另外，野燕麦靠近茎的部分发红，这也是小麦不具备的特征哦！现在小朋友们知道怎样区分它们和小麦了吧？它们长得那么快，又时常"欺负"小麦，所以我们下次再见到它们，一定要将它们清除哦！

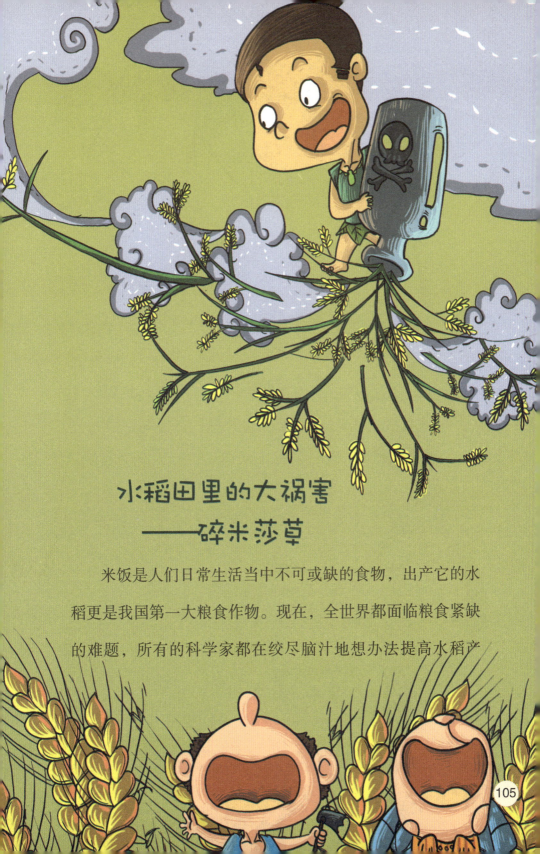

水稻田里的大祸害
——碎米莎草

米饭是人们日常生活当中不可或缺的食物，出产它的水稻更是我国第一大粮食作物。现在，全世界都面临粮食紧缺的难题，所有的科学家都在绞尽脑汁地想办法提高水稻产

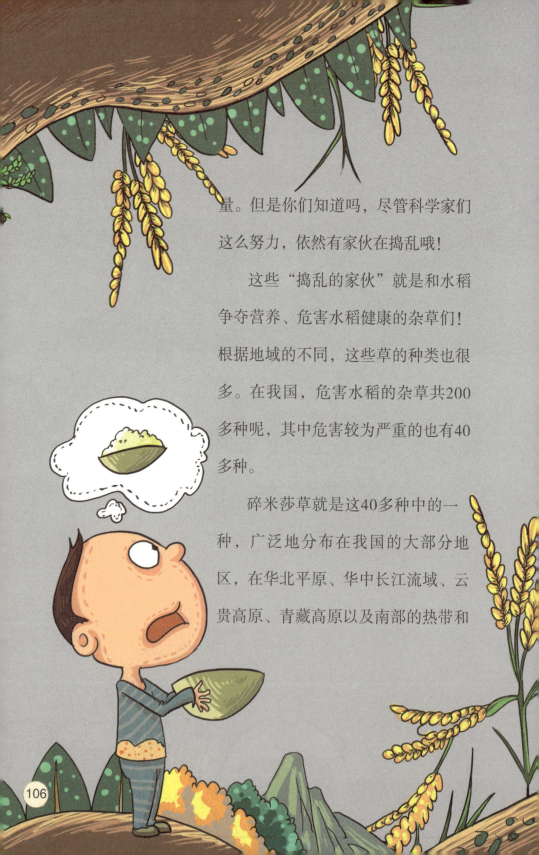

量。但是你们知道吗，尽管科学家们这么努力，依然有家伙在捣乱哦！

这些"捣乱的家伙"就是和水稻争夺营养、危害水稻健康的杂草们！根据地域的不同，这些草的种类也很多。在我国，危害水稻的杂草共200多种呢，其中危害较为严重的也有40多种。

碎米莎草就是这40多种中的一种，广泛地分布在我国的大部分地区，在华北平原、华中长江流域、云贵高原、青藏高原以及南部的热带和亚热带地区尤为泛滥！现在就让我们一起来好好认识一下碎米莎草吧！

碎米莎草还有一个名字叫作"三芳草"，属于莎草科莎草属，是一年生的草本植物。它有很多茎秆，高度一般不会超过85厘米，叶子较长，呈线形生长，尖端一般呈红棕色。花的样子和麦穗很像，果实为椭圆形的褐色坚果。每年的夏天到秋天，都是碎米莎草开花结果的季节。它和农作物一样春夏出苗，秋季长成。野生的碎米莎草多生长在山坡、阴湿的路旁以及田间，对我国的湿润旱地有着比较严重的危害。

碎米莎草的危害这么大，农民伯伯们一定恨死它

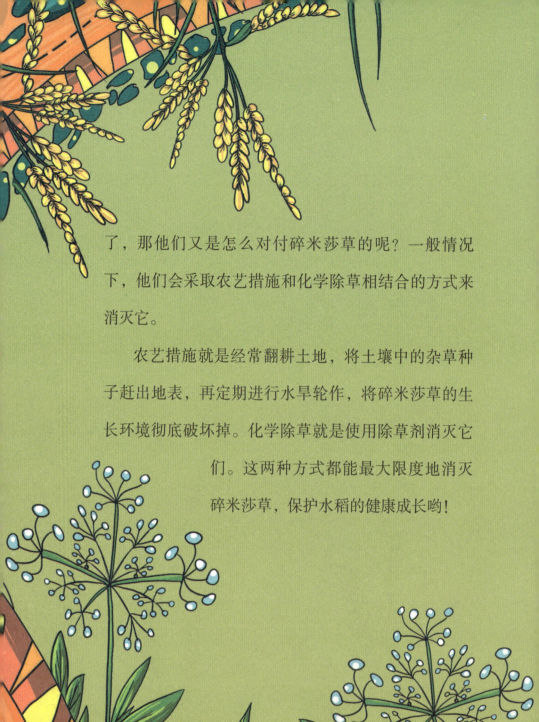

了，那他们又是怎么对付碎米莎草的呢？一般情况下，他们会采取农艺措施和化学除草相结合的方式来消灭它。

农艺措施就是经常翻耕土地，将土壤中的杂草种子赶出地表，再定期进行水旱轮作，将碎米莎草的生长环境彻底破坏掉。化学除草就是使用除草剂消灭它们。这两种方式都能最大限度地消灭碎米莎草，保护水稻的健康成长哟！

蛇床跟蛇一点关系
都没有哟！

　　小朋友，你知道蛇床是什么东西吗？你一定认为它和蛇有什么关系吧！蛇床难道是蛇的床吗？其实不是哟，蛇床是一种植物，它跟蛇可是一点关系都没有的。

　　蛇床也叫蛇床子，在植物学上是伞形科蛇床属，为一年生草本植物。它们

的高度大约为半米，一般情况下只有一根向上直立生长的茎，顶端偶尔会出现分枝。茎的上半部分一般长着比较短的硬毛，下半部分则呈暗紫色。靠近地面的叶子为三角形，容易早枯。它们通常夏初开花，夏末结果。

蛇床大多生长在湖边的草地上，路边和田边也有生长。在我国的各个地区几乎都有分布。在世界上，蛇床主要分布在朝鲜、印度、西伯利亚及远东地区。

蛇床主要依靠种子进行繁殖，而它能为我们作贡献的也正是它的种子。说到这儿，想必许多小朋友都能猜到蛇床的用途了吧。没错，虽然同蛇没有什么关系，但是蛇床和蛇一样，都是能够入药的哦！

作为一种药材，蛇床主要被人们用来治疗牙疼、小孩疮癣、湿疹和风湿等。

蛇床子内含有很多药用成分，其中，有一种成分非常特别，名叫蛇床子素。科学家们发现，它对心血管系统、免疫系统及内分泌系统的疾病都有着不错的疗效。不过，它最厉害的地方是可以用于抗癌，尤其是针对肺鳞癌，疗效十分显著。此外，蛇

床子素能够为人体的骨骼系统补充营养，所以对骨质疏松也能起到一定的预防作用。现在，科学家们仍在对这种物质进行研究，并已经取得了一定的成果。

目前在临床上，蛇床子还是以外用为主。小朋友们现在认识蛇床子了吧，它是不是很厉害呀？

恐怖的鬼针草可是消肿药哦！

　　小朋友们有没有听过一种名叫鬼针草的植物啊？它的名字是不是很恐怖呀？嘻嘻，它虽然名字可怕，但却是一种非常有效的消肿药呢！现在我们就来认识一下这种植物吧！

　　鬼针草，也叫三叶鬼针草、粘人草、四方枝、虾钳草、豆渣草、一包针等，是一年生草本植物，在植物学上属于菊科。

　　它的茎直立向上生长，植株高0.5～1米，茎上有稀疏的绒毛。它们的叶子大小不一，茎下部的叶子明显较小，在花开之前就会枯萎。顶部的叶子通常比较大，呈椭圆形，叶子的边缘长有锯齿。它们通常夏末开花，秋季结果。

　　鬼针草这种植物在世界各地都有生长，无论海拔高低它们都能适应。这么广的分布范围和适应性，是不是还真有点"鬼"的影子呀。鬼针草一般生长在荒地和山坡上，在我国的华中、华东、西南及华南等地均有分布，在国外则多见于亚洲和美洲的热带及亚热带地区。

　　因为鬼针草有着不错的药用价值，所以我国还专门设立了人工栽培鬼针草的地方。虽然鬼针草的生命力十分顽强，但是人工培育最好还是为它们选择最适宜生长的环境哦！它们到底喜欢什么样的生长环境呢？告诉你们吧，它们最喜欢温暖湿润的气候，还喜欢营养丰富的疏松土壤，像腐殖质土壤和粘壤土都非常适合它们生长。

　　那么，作为一种药材，鬼针草究竟有着怎样的功效呢？

和鬼针草相似的大狼把草

自然界中还有一种名叫大狼把草的植物，它也是一种药材，而且和鬼针草的样子多少有一些相似，不仔细看还真分不清它们呢！不仅如此，在其他方面它们也有不少相似的地方，例如它们喜欢相同的生长环境，都有特殊的气味，都开黄色的花朵，种子都喜欢粘在人的衣服上，入药后都有清热解毒和消炎的作用。

一开始我们就提到了，它们具有散瘀消肿的功效。除了这个作用，它们还能够清热、解毒、消炎，对治疗皮肤感染、上呼吸道感染、腹膜炎、肝炎、肠炎以及阑尾炎等病症都有着不错的疗效，还能够代替稀莶草作为消炎药使用呢！

怎么样，鬼针草只是名字有点可怕吧？从用途来看，它还真是我们人类的好朋友呢！

又是杂草又是药的节节草

节节草，这个名字听起来是不是很可爱呀？它既是一种杂草，也是一种草药。作为草药，它还被李时珍提到过。

节节草还有很多其他的名字，如眉毛草、土木贼、通气草、锉刀草、接骨草、木贼草、笔头草等等。它是木贼科木贼属，是一种多年生的草本植物。它的根是黑褐色的，能够延伸到地下很深的地方。不过，虽然根系十分强壮，它地上的茎却是非常细弱的。

和大多数的植物不同，节节草不是靠种子进行繁殖，而是通过根茎和孢子进行繁殖的。它们广泛地分布在我国各地，是一种常见于秋天的杂草。

节节草在农田中虽然只是一种杂草，但是经过处理之后，却会摇身一变成为一种药材了。节节草中含有许多对人体有益的化学元素，对治疗跌打损伤、肠出血和痔疮等都有很好的效果。

上面我们也提过了，节节草还有一个"土木贼"的别名。说到木贼，小朋友们是不是也会想到节节草呢？一定要注意啊，木贼和节节草

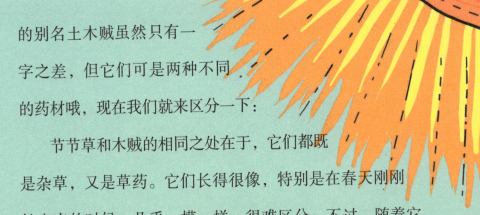

的别名土木贼虽然只有一字之差，但它们可是两种不同的药材哦，现在我们就来区分一下：

节节草和木贼的相同之处在于，它们都既是杂草，又是草药。它们长得很像，特别是在春天刚刚长出来的时候，几乎一模一样，很难区分。不过，随着它们不断长大，外观上的差别就显现出来了。

除了外观不同，节节草和木贼在分布上也不一样。节节草遍布全国，无论是潮湿的路旁还是田间地埂，都能看到它们的身影。木贼就不同了，它们通常只分布在东北、

华北等地。

它们的药用价值也有一些差别，节节草通常只是地上茎入药，起清热的作用，而木贼则是全株都可以入药，主要被用来止血。

小朋友们现在明白了吧，节节草可不是木贼哦，如果你看到了它们，一定要睁大双眼分个清楚喽！

寒酸的酸模叶可以
治疗疮哦！

第一次听到"酸模叶"这个名字，你是不是觉得很古怪呀？这是一种什么东西，它又为什么叫了这么一个名字呢？

酸模叶又叫大马蓼、旱苗蓼、柳叶蓉等，是蓼科的一年生或多年生草本植物，常见于我国的北方，南方也偶有分布。它是一种危害作物的杂草，经常出现在豆类田、棉花田、水稻田、麦田及蔬菜田等地。

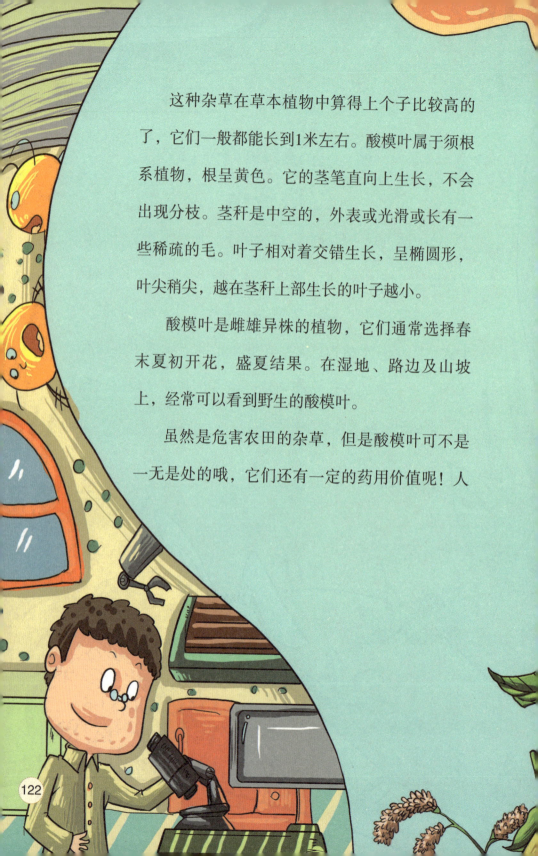

　　这种杂草在草本植物中算得上个子比较高的了，它们一般都能长到1米左右。酸模叶属于须根系植物，根呈黄色。它的茎笔直向上生长，不会出现分枝。茎秆是中空的，外表或光滑或长有一些稀疏的毛。叶子相对着交错生长，呈椭圆形，叶尖稍尖，越在茎秆上部生长的叶子越小。

　　酸模叶是雌雄异株的植物，它们通常选择春末夏初开花，盛夏结果。在湿地、路边及山坡上，经常可以看到野生的酸模叶。

　　虽然是危害农田的杂草，但是酸模叶可不是一无是处的哦，它们还有一定的药用价值呢！人们一般在夏季把它们采收回来，经过晾晒后当成药材使用。酸模叶含有丰富的维生素、氨基酸和很多的化学物质，具有清热通便、止血解毒的作用，对于湿疹和烫伤也有一定的治疗效果。不过，它最出色的本领当属治疗疥疮。

小朋友，你知道疥疮是一种什么疾病吗？其实，它是一种由寄生虫所引发的皮肤病。这种寄生虫名叫疥虫，它们能在我们的皮肤里生长。但是，它们排出的分泌物和排泄物会令我们的肌肤产生过敏反应，是导致我们得疥疮的罪魁祸首。疥疮多发在冬季。

即使你没有得过这种病也要注意哦，因为它可是一种传

染病呢！只要和患有疥疮的人直接接触就容易感染上，就连接触病人使用过的物品也很容易被传染呢！因此，如果你身边有人患有疥疮，你一定要离他远一些哦！

虽然酸模叶能治疗疥疮，但我们最好还是不要生这种病，平时要多注意个人卫生，预防各种疾病，这样我们才能健康快乐地成长。